LETTRE

DE MONSIEUR

LE CHEVALIER GOUDAR,

À UN ACADÉMICIEN DE PARIS,

Au ſujet de la nouvelle Charrue à ſemer.

Où l'Auteur fait voir le danger qu'il y auroit pour l'Etat Politique & le Gouvernement Civil d'abandonner l'ancien uſage d'enſemencer les terres.

À AVIGNON,

M. DCC. LVIII

À MONTPELLIER, le

MONSIEUR,

EN qualité d'Auteur qui a écrit ſur l'Agriculture, vous me demandez mon ſentiment au ſujet de la Charrue à ſemer dont on voudroit établir l'uſage en France : L'Auteur de cette Méchanique mérite de grands éloges ; il faut être Citoyen pour en avoir formé le plan ; la premiere idée ne peut partir que d'un Patriote. Il eſt beau de voir un ſeul homme travailler au bonheur de tous ; car ſemer beaucoup moins de bled & en recueillir la même quantité, c'eſt mettre tout-d'un-coup la République des ménagers à ſon aiſe : cette Charrue renferme un corps ſyſtematique d'Agriculture, ou pour mieux dire, c'eſt le ſyſtême des ſyſtêmes économiques.

Cependant, Monſieur, ſi vous vou- que je vous diſe naïvement ma penſée, je crois qu'elle ſera plus utile à quelques particuliers aiſés, qu'elle ne fera du bien au corps général des ménagers. Les beaux eſprits, les gens à ſyſtêmes économiques feroient plus utiles à l'Etat, s'ils vouloient ſe donner la peine de penſer un peu plus, & d'imaginer beaucoup moins. Je ne ſçai ſi c'eſt eſprit de ſingularité ou goût du nouveau qui prend le deſſus, mais il eſt certain que depuis quelque temps on cherche des voies extraordinaires pour faire produire la terre, & que dans l'Agriculture on perd de vue le principal pour s'attacher à l'acceſſoire: cela vient en général de l'ignorance où l'on eſt des principes de cette branche de l'adminiſtration politique.

Mais quoi ! me direz-vous, ne comptez-vous pour rien dans l'uſage de cette Charrue l'économie que l'Agriculture feroit ? non, Monſieur, pour rien.

Afin qu'il en revînt un avantage réel à la République, il faudroit que cet établiſſement fût précédé de pluſieurs autres qui ne ſont point encore faits en France, & qu'on ne penſe peut-être pas même à faire.

Suppoſons pour un moment que tous les ménagers du Royaume euſſent employé cette année la Charrue ; & qu'après récolte générale il nous reſtât douze millions de cetiers de bled : je vous prie de me dire, Monſieur, ce que nous en ferions ; car pour moi, je vous avoue que j'en ſuis embarraſſé d'avance.

Nous n'en mangerions pas plus pour cela; ils ne pourroient pas être employés en ſemence, attendu que toutes nos terres feroient déja enfemencées ; nous ne les vendrions pas non plus aux Etrangers ; car le Commerce d'économie n'eſt point fondé fur un fuperflu accidentel, il eſt d'abord rempli par les grandes Nations qui font depuis long-temps en poſſeſſion de le faire, & lorſque la mefure de ce Commerce qui eſt celle de la ſubſiſtance générale eſt remplie, tout ce qui eſt au-delà eſt de trop : nous les garderions dans nos greniers pendant un certain temps au bout duquel ils fe pourriroient; car nous n'avons imaginé aucune pratique (du moins générale) pour conſerver cette denrée pendant pluſieurs années de fuite : nous ferions obligés de les faire manger aux pourceaux ; or j'aimerois autant laiſſer jouir les oiſeaux du privilége qu'ils ont depuis plus de fix mille ans de partager la femence avec le Laboureur.

Ce n'eſt point ici l'endroit d'examiner ſi la France eſt encore à temps à établir un Commerce d'économie, ſi elle n'a pas trop tardé à le faire, ſi elle ſeroit en état de ſupplanter les Peuples qui en ſont en poſſeſſion, il me ſuffira de dire qu'elle en eſt privée.

Il eſt certain que le ſuperflu du produit de l'Agriculture peut ſeul enrichir un Etat, mais il faut pour cela ſçavoir où le placer, ſans quoi il lui devient non-ſeulement inutile, mais même nuiſible.

Il y a une meſure dans la ſubſiſtance générale de chaque Société, lorſqu'on la paſſe on procure moins de bien à l'Etat économique que la diſette même ne lui fait du mal. Un grand ménager économiſe ſur la ſemence, il trouve le moyen ſur huit cent cetiers de bled d'en épargner ſix cents, tout le profit lui en revient, cela n'eſt pas douteux; mais ſi tout le monde ſuit la même pratique, & que l'économie devienne générale, il n'y aura plus de profit pour perſonne.

Il ne faut pas croire que le Laboureur devienne plus riche à meſure qu'il lui reſte plus de grain, car le prix de cette denrée eſt toujours rélatif à ſa quantité. Dans une récolte généralement abondante un particulier n'eſt pas plus à ſon aiſe avec deux cents cetiers de bled qu'il l'avoit été auparavant avec cinquante. Il ſuffit pour cela qu'il y ait univerſellement quatre fois plus de cette denrée.

Il n'y a point d'année où les ménagers ſe plaignent plus que lorſqu'il y a beaucoup de grain; c'eſt-à-dire, lorſque l'abondance eſt répartie géométriquement; alors le Laboureur ne peut pas ſurvenir aux fraix de culture & à la taille qui eſt toujours la même en argent, quoique la denrée en vaille moins.

Je pourrois vous démontrer que quatre années consécutives où il resteroit à tous les Cultivateurs les cinq sixiemes de la semence, ruineroient la France entierement.

J'admire, Monsieur, la facilité des personnes en place; un homme qui court après une gratification vient leur dire à l'oreille qu'il a imaginé ou copié une Charrue propre à semer peu de bled pour en recueillir beaucoup, cette nouvelle saisit: l'homme d'Etat en est frappé. Son imagination s'échauffe: il croît déja toucher au moment de l'abondance.

On protége la machine & le Machiniste, & ensuite on commence à respirer. On est tranquile, parce qu'on se repose sur la bonté de l'instrument: cela s'appelle en matiere d'Agriculture *mettre la Charrue devant les Bœufs.*

L'Art de cultiver la terre a plusieurs

grands objets. C'eſt à les remplir dans toute leur étendue que l'adminiſtration politique doit mettre ſa principale attention.

Ceux qui dans la culture de la terre ne voient que la denrée, croient que le ſyſtême de l'Agriculture eſt renfermé dans la ſphere de la ſubſiſtance, & qu'il ſuffit à l'Etat économique d'avoir beaucoup de bled pour que le Gouvernement politique devienne riche & puiſſant.

Il ne tiendroit cependant qu'à ceux qui ſont dans cette erreur de ſe détromper, puiſque la preuve du contraire exiſte actuellement dans le monde.

Il n'y a point d'Etats plus pauvres ſur la terre, & en même temps plus foibles & plus languiſſants que la Pouille, l'Afrique, la Pologne & la Turquie qui régorgent tous les ans de cette denrée.

Il s'agit bien moins, Monſieur, de

ſemer peu que de défricher beaucoup. Lorſqu'on laiſſera, comme on a fait juſqu'ici, des millions d'arpens de terre en commune, & que l'Etat Politique n'étendra pas davantage le Domaine de l'Agriculture, non-ſeulement cette branche de l'adminiſtration ſera languiſſante, mais même fera languir toutes les autres.

A meſure qu'on ſe borne à la portion du terrein défriché on met des limites à la population.

La propagation ne jouit point de l'immenſité de ſon étendue; la nature renfermée dans l'enclos d'un nombre de champs ſe trouve gênée : les Habitans entaſſés les uns ſur les autres dans cette portion du continent ſont trop reſſerrés : le germe de l'eſpece humaine ne pouſſe pas aſſez : les hommes dans cet eſpace ſe dévorent les uns les autres.

Lorſqu'on ne fera qu'imaginer des

machines pour faire produire la portion du Domaine cultivé, le nombre des Citoyens n'augmentera pas, & par un retour néceſſaire l'Agriculture ne ſera jamais floriſſante.

Mais réſumons, me direz-vous, l'Agriculture en France eſt-elle à ſon dernier période de perfection ? je vous réponds qu'il s'en faut bien. La monarchie a-t-elle aſſez de bled pour ſa population ? non, Monſieur. Cette branche de l'adminiſtration a-t-elle beſoin d'amélioration ? oui, Monſieur. Eh bien, ajouterez-vous, voilà un moyen par cette Charrue pour la rendre tout-d'un-coup floriſſante : voilà préciſément le mal : c'eſt ce *tout-d'un-coup* qui gâte tout. Un Etat ne devient pas riche comme un ſimple particulier.

Il faut que l'aiſance s'y inſinue par gradation : tout ce qui eſt action ſubite dans un Gouvernement, force la machine de l'Etat & la détraque. Lorſque l'abondance entre avec trop d'affluance elle cauſe plus de déſordre que la miſere même.

L'or & l'argent, quoiqu'en diſe un Auteur plus partiſan du nouveau *qu'ami des hommes*, forme aujourd'hui la véritable richeſſe des Etats; cependant ſi la France venoit à faire la découverte d'une mine ſi abondante qu'elle lui procurât tout-d'un-coup dix fois plus de numeraire qu'elle n'en a actuellement, cette belle Monarchie accablée ſous le poids de ce ſuperflu tomberoit bientôt dans l'indigence.

La trop grande abondance d'or l'apauvriroit, & elle ſe trouveroit ruinée par ſes propres richeſſes.

Tout le monde ſçait la miſerable avanture de l'Eſpagne & du Portugal. Ces deux Etats avec tout l'or & tout l'argent du monde ſe trouverent d'abord pauvres, & manquerent même du néceſſaire dans la proportion du ſuperflu des richeſſes qu'ils ſe procurerent.

Il eſt extrêmement dangereux de faire de grands changements dans l'agriculture pratique, ſur-tout lorſqu'ils frapent ſur la machine phyſique de l'homme.

Je regarderois comme un grand malheur pour la France que la ſemence de mille cetiers de bled pût fournir la ſubſiſtance à toute ſa population.

Comme le mouvement eſt l'ame du monde phyſique, l'action eſt la vie du monde moral.

On diroit qu'il y a une émulation générale depuis quelque temps parmi les Auteurs économiques pour diminuer le travail du corps.

Ils ſubſtituent tant qu'ils peuvent des machines aux bras.

Ils tâtent continuellement la nature : ils souhaiteroient la rendre moins active qu'elle ne l'est.

Tout tend chez eux à introduire l'art à la place de la nature ; ils voudroient s'il leur étoit possible qu'il n'y eût qu'à souffler sur la terre pour la faire produire.

J'ai lu avec attention tous les ouvrages économiques qui ont paru depuis qu'il a pris une belle passion aux François d'écrire sur cette matiere, & je puis dire que je n'en ai pas trouvé un seul qui ne s'écartât du principe de population dont ils conviennent tous que l'Agriculture doit être la baze.

On ne sçauroit nier que le systême de Dieu sur l'Agriculture ne fût meilleur que celui des hommes.

On ne voit pas que nos premiers Peres ayent employé des machines pour faire valoir la terre, au contraire il semble que l'Auteur de la nature ait voulu les tenir dans une certaine dépendance des fatigues & des ſueurs du corps.

L'homme après ſa chûte fut condamné au travail ; ce fut là ſon lot : perſonne n'en devoit être exempt.

S'il avoit plu au grand Architecte de l'Univers de créer les branches avec le tronc, & qu'il eût formé le monde dans la plénitude où il eſt aujourd'hui, cette diſpoſition n'eût rien changé au décret : tous les hommes alors euſſent été des Adams condamnés à vivre à la ſueur de leur front.

Dans le premier plan de création, il ne fut point établi que l'Agriculture ſeroit un art compliqué, que des machines rempliroient les vues de la Providence ; que la terre donneroit à vivre à une foule d'hommes ſans rien faire, & qu'il n'y en auroit qu'un très-petit nombre qui fuſſent employés à la culture. Tout

Tout ce qui s'eſt éloigné de ce principe primitif a dû être nuiſible à la population, & par conſéquent à l'Agriculture.

Toutes les différentes branches de la Société tirent leur origine de celle des ménagers ; plus cette population décline & moins les autres multiplient.

Dans les premiers temps chaque individu travaillant la terre ne devoit ſon exiſtence qu'à lui-même, ce qui formoit le meilleur ſyſtême de population qui pût exiſter ſur la terre ; car la ſubſiſtance directe eſt plus propre à la propagation que la réflechie.

Bientôt les Guerres entre les Sociétés politiques détournerent une partie des Citoyens de la culture de la terre : pluſieurs Laboureurs ſe firent ſoldats.

La portion de leur travail fut répartie ſur ceux qui étoient reſtés aux champs :

peut-être que cette répartition fut d'abord dans la proportion d' 1 à 1 ; c'eſt-à-dire, que chaque Cultivateur outre ſa ſubſiſtance fut encore obligé de fournir à celle d'un de leurs Compatriotes qui ne travailloit plus ; & il y a toute apparence que la population dès-lors dégénera un peu.

Dans peu la Religion qui s'étendit, eut beſoin d'un plus grand nombre de Miniſtres; elle retira à ſon tour des ménagers de la campagne, ce qui cauſa une nouvelle répartition de travail ſur les Laboureurs.

Le luxe vint enſuite, il créa des arts & des profeſſions qui furent exercées par des ménagers.

L'ordre de la République qui exigea d'avoir autour d'elle un certain nombre de Citoyens pour exercer les charges de l'Etat, dépouilla encore la campagne d'un grand nombre de ſes Habitants.

L'adminiſtration de la Juſtice qui eut beſoin de Juges, la conſtruction des Villes qui forma un nouveau rang d'artiſants, & les Citoyens de la campagne qui vinrent les habiter, firent une autre brêche à la claſſe des Cultivateurs.

Enfin les plaiſirs, les vices, les paſſions, les aiſes & les commodités de la vie, l'amour des ſciences & des arts acheverent preſque de dépeupler les campagnes, & augmenterent conſidérablement la répartition générale du travail ſur ceux qui les habitoient encore.

Il y a apparence qu'après l'établiſſement des Villes cette répartition fut dans la proportion d' 1 à 3, enſuite d' 1 à 4, puis d' 1 à 5, après quoi d' 1 à 6. Elle eſt aujourd'hui d' 1 à 8, c'eſt-à-dire, qu'un ſeul Citoyen fournit la ſubſiſtance à huit autres qui ont entierement perdu la premiere origine du travail de la terre.

On peut donc conjecturer que la France est aujourd'hui huit fois moins peuplée qu'un continent de la même grandeur ne l'étoit du temps de nos premiers Peres.

Vous voyez, Monſieur, que toutes les claſſes de la Société doivent des Laboureurs à l'Agriculture, & qu'ainſi au lieu de lui donner des machines il faut lui rendre des hommes.

Plus le travail qui ſert à fournir la ſubſiſtance générale ſera répartie géométriquement, & plus l'agriculture ſera floriſſante.

Voici d'autres réflexions.

Dans la production de la denrée de premier beſoin, il eſt d'une extrême conſéquence que l'inſtrument qui la produit ne dépende d'aucune cauſe ſeconde.

On n'eſt jamais aſſez maître de l'outil

lorſqu'il tire ſon origine de l'art, ſur-tout quand cet art eſt extrêmement compliqué.

Il faut que dans la ſemence la machine du Semencier ſoit le Semencier lui-même.

Je regarderois comme un des plus grands malheurs qui pût arriver à l'Agriculture pratique que les ménagers perdiſſent l'uſage de leurs bras, & qu'au bout de quatre ou cinq générations ils ne retrouvaſſent plus leurs mains pour ſemer.

Vous ne ſçauriez croire, Monſieur, combien de travail il en a couté pour apprendre aux hommes à jetter une poignée de grain ſur la terre, & quelle ſuite de ſiecles il a fallu pour perfectionner cette pratique que nous regardons aujourd'hui comme ſi défectueuſe.

La Charrue, dit-on, met toute la ſemence à profit. Il ne s'en perd point.

Qu'importe qu'il ne se perdit point de grain, si nos ménagers venoient malheureusement à perdre l'usage de leurs bras !

Le grain se retrouve toujours, mais cette premiere pratique une fois perdue ne se rétrouveroit plus.

Pour moi, je vous avoue, Monsieur, que je tremble pour la postérité quand je pense que son existence est à la veille de dépendre du jeu d'une foule de ressorts, & que la propagation des hommes va être montée comme une horloge.

Je frémis d'avance pour le genre humain, lorsque je fais réflexion que la population sera subordonnée au méchanique, & que le monde va être renfermé dans une machine.

Un Gouvernement sage ne doit jamais prêter l'oreille à de pareils établissemens, parce que leur effet peut être très-pernicieux à l'Etat Politique.

La Guerre ſe fait aujourd'hui dans toute ſa rigueur. Les ennemis le ſont au pied de la lettre. Les moyens les plus sûrs pour exterminer une Nation ſont toujours les premiers adoptés. Si l'on pouvoit en imaginer quelqu'un pour anéantir un Peuple entier d'un ſeul coup on le prendroit ſans héſiter.

Une invaſion ſeule pourroit perdre pour toujours un Etat ; l'ennemi n'auroit pour cela qu'à ſe ſaiſir de toutes les Charrues.

Si la Saxe eût perdu l'ancienne méthode de ſemer, & qu'elle eût employé depuis long-temps une ſemblable machine, elle ſeroit aujourd'hui perdue pour toujours, car les Pruſſiens qui brûlerent les outils des Manufactures n'auroient pas oublié ces Charrues, principaux & preſqu'uniques ſoutiens de l'Etat entier : les premiers coups & les plus violents efforts de leur rage ſeroient tombés ſur ces machines les plus utiles & les plus néceſſaires de toutes. Lorſque les moyens qui ſervent à faire valoir la terre ſont dans les bras d'un Peuple, il faut que le Prince qui a ſur lui l'avantage à la Guerre l'extermine entierement, ſans quoi il lui laiſſe toujours la faculté de ſe rétablir, mais lorſqu'il dépend d'un outil on n'a qu'à le lui enlever pour le détruire.

Mais, Monſieur, que ce que je viens de vous dire ne vous épouvante point. La Charrue à ſemer eſt un être de raiſon.

Si l'Etat n'étoit compoſé que de deux ou trois mille ménagers, il ne ſeroit pas abſolument impoſſible de faire une pareille quantité de Charrues; mais qu'il en faudroit un bien plus grand nombre, & comment le fabriquer?

Nous n'avons pour cela ni aſſez de bois, ni aſſez de fer: notre Marine n'en

fait

fait que trop l'expérience. Il nous manque ſur Mer pour le moment préſent d'autres Charrues bien plus importantes que celles de l'Agriculture.

D'ailleurs quand on trouveroit des reſſources pour prévenir cet inconvénient il ſeroit impoſſible d'en applanir un ſecond. Une ſi grande quantité de Manufactures générales ne pourroit s'établir ſans renverſer le ſyſtême de la manutention des Arts & celui de l'Agriculture.

Nous ne pourrions prendre cinquante mille Artiſans qu'il nous faudroit au moins pour cette nouvelle fabrique que dans les autres profeſſions, ce qui formeroit un vuide plus préjudiciable à l'Agriculture que l'avantage que l'on pourroit retirer des Charrues. On ruineroit beaucoup d'un côté pour rétablir un peu de l'autre.

Je voudrois que ceux qui ont la fureur

de faire de nouveaux établiſſements y réflechiſſent plus ſérieuſement, travaillaſſent avec plus de ſoin à connoître les inconvéniens, les difficultés, le faux de leurs ſyſtêmes avant que de les produire au Gouvernement.

Il eſt ſurprenant que dans un ſiecle auſſi éclairé que le nôtre on ſe laiſſe prévenir par de belles chimères.

La répartition géométrique des fabriques des Charrues dans le Royaume ne ſeroit pas le moindre obſtacle; car ſi tous les ménagers devoient en être pourvus, il faudroit néceſſairement qu'elles ſe trouvaſſent dans le pays, ſans quoi la dépenſe du tranſport ſeroit immenſe, & par conſéquent dégoûteroit les ménagers. Or cet établiſſement ſeroit impraticable dans la plûpart des diſtricts qui ſont privés non-ſeulement des premieres matieres, mais même d'ouvriers pour les travailler.

La nature a toujours l'avantage ſur l'art. Une machine remplie de reſſorts eſt ſujette à ſe détraquer : le déſordre dans ſon mouvement eſt tout près de ſa perfection. Si le ſyſtême des Charrues prénoit une fois en France, la plûpart des champs demeureroient ſans ſemence ; parce que la machine ſe détraqueroit ſouvent, il ſeroit même impoſſible que cela fût autrement.

Des reſſorts qui ne devroient avoir de jeu que quinze jours de l'année ſeulement, & qui pendant le reſte du temps ſeroient ſans mouvement, ne pourroient que ſe rouiller.

Je ne parle point ici de quelques ménagers aiſés qui pourroient avoir un grand ſoin de cette machine, mais du gros des Laboureurs, qui en général n'ont aucun ſyſtême de conſervation, & qui ſe rouillent eux-mêmes faute d'avoir ſoin de leur propre machine.

Le vice du local en général lui ſeroit très-préjudiciable. Nos payſans pour la plûpart ſont logés dans des maiſons trop ſéches ou trop humides.

Le plus grand nombre n'ont pas dequoi ſe garantir eux-mêmes du vice de l'air.

D'ailleurs, Monſieur, il ne faut pas croire que cette Charrue dont on parle tant, & que quelques-uns ont pris la peine d'exalter juſqu'aux nues, renferme la grace efficace de l'Agriculture, & qu'elle ſoit infaillible. Je l'ai vu manquer net dans certains terroirs. Il eſt même arrivé que des particuliers après s'en être ſervis ont entierement perdu leur ſemence, & qu'ils ſont revenus à l'ancienne méthode.

Cette Charrue devient inutile dans des champs remplis d'arbres; car alors elle ne peut pas ſemer juſqu'au pied.

Il en réſulte le même inconvénient dans les terres où il y a beaucoup de rochers qui s'élevent en pain de ſucre ou en petite piramide, parce que la Charrue dans pareil cas eſt obligée de laiſſer ſans ſemence tout le tour du rocher.

Il eſt de même impoſſible que cette machine puiſſe porter la ſemence juſqu'au bord des foſſés, ſur-tout s'ils ſont coupés par des trous ou grands écouloirs, comme la plûpart de nos champs le ſont.

La même choſe arrive dans les cantons de la France extrêmement difficiles où les pieces qu'on deſtine au labourage ſuivent l'inégalité du terrein; je veux parler de nos pays de montagne, où nos Payſans qui y ſement, montent & deſcendent dans les champs comme on fait un eſcalier; or la Charrue en montant ne répandroit point de grain, & en descendant en répandroit trop.

Tous ces inconvéniens n'en sont point pour la main qui seme. Elle répand le bled à droit & à gauche, & sans s'écarter de sa ligne atteint par-tout; de cette maniere les pieds des arbres, les environs des petits rochers, les bords des fossés sont semés.

Les Amateurs des machines, ceux qui quittent la nature pour courir après l'art trouvent que cette Charrue distribue mieux la semence que ne fait la main, & qu'elle met tout à profit.

On s'est figuré après six mille ans que faute d'une Charrue la semence étoit répandue sur la terre par pelotons. On a dit que vingt ou trente grains se trouvant souvent ensemble & dans le même tas, formoient une pourriture au lieu d'une production.

C'eſt la manie d'établir de nouveaux ſyſtêmes qui fait former de ſemblables raiſonnemens. J'ai vu moi-même un Payſan en Bourgogne, qui en jettant une poignée de grain à droite & à gauche dans un champ labouré, les ſéparoit d'une telle maniere que preſque jamais quatre grains ne ſe trouvoient enſemble dans le même tas.

Je ſouhaiterois, Monſieur, que les Machiniſtes ſe ſouvinſſent, une fois pour toutes, que la meilleure méchanique pour ſemer eſt celle que Dieu a fait. Il y a dans le bras de l'homme un reſſort naturel dont le mouvement eſt plus régulier que celui de la machine la plus parfaite. Il eſt immuable, au lieu que l'autre eſt ſujette à une foule de dérangemens qui tiennent à ſa conſtruction.

Je crois que dans un établiſſement d'où dépend l'exiſtence, il n'y a pas à balancer,

& que de deux ſyſtêmes dont l'un eſt fondé ſur la nature & l'autre ſur l'art, on doit préférer le premier indépendamment de tous les avantages qu'offre le ſecond, parce que ces mêmes avantages ne ſont pas toujours réels, ou peuvent du moins être ſujets à un grand nombre d'inconvéniens qu'il n'étoit pas poſſible de prévoir, & qui ne ſe font ſentir que lorſque l'établiſſement eſt fait; c'eſt-à-dire, preſque toujours lorſqu'il n'eſt plus temps d'y remédier.

D'ailleurs quand tous ces obſtacles dont je viens de parler pourroient ſe lever, le projet de cette Charrue demeureroit ſans effet faute d'avoir été combiné par ſa dépenſe.

Lorſqu'on propoſe au Public un établiſſement dont il doit faire les premiers fraix, il faut ſe mettre à ſa place, & meſurer ſes facultés, non ſur les richeſſes d'un petit nombre de particuliers aiſés, mais ſur la pauvreté du total. Cette Charrue coute cent livres ou environ : or de compte fait ſur vingt Laboureurs en France, il n'y en a pas deux qui ſoient en état d'en faire la dépenſe.

Comment pourroient - ils débourſer cette ſomme, eux qui ſont accablés ſous le poids de leur miſére ? eux dont les moyens ne ſuffiſent pas pour payer leur portion des Charges de l'Etat ? eux qui connoiſſent à peine le numeraire ? eux qui ſont reduits à la derniere indigence ? eux enfin qui n'ont pas de quoi s'alimenter, & dont l'eſpece périt tous les jours faute de ſubſiſtance ?

Si l'adminiſtration ordonnoit que tous les ménagers ſemaſſent avec cette machine, le premier débourſé général ſeroit de près d'un ſixieme du numeraire.

Il faudroit ſuppoſer que la claſſe des

Laboureurs jouit de cette portion de richesses : or cela n'est pas, on peut même dire hardiment qu'il s'en faut beaucoup qu'elle ne l'ait ; car c'est aujourd'hui la plus pauvre de l'Etat. Mais je veux pour un moment lui donner cette richesse : pensez-vous, Monsieur, qu'il conviendroit au Gouvernement de lui permettre de s'en dessaisir ?

Tout seroit perdu en France si LOUIS XV. abolissant l'ancienne méthode de semer, ordonnoit par un Arrêt que chaque ménager eût à se pourvoir d'une Charrue. Les richesses prendroient un nouveau cours ; une grande portion des Finances iroit se précipiter dans le coffre fort d'un petit nombre de particuliers ; les maltotiers ne perdroient pas une si belle occasion de s'emparer de l'espece. Ils se feroient Machinistes ; l'instrument principal de l'Agriculture deviendroit pour eux une nouvelle ſpéculation de Finances : il y auroit des traitants de Charrue, on ne pourroit à l'avenir ſemer la terre que par permiſſion de la compagnie.

Cette nouvelle direction de l'eſpece causeroit un vuide dans les arts, l'induſtrie, le Commerce, &c. ce qui par un retour néceſſaire en formeroit un conſidérable dans les productions de la terre.

Il n'y a point de machine qui tienne. L'Agriculture tire ſa fécondité de la répartition géométrique du numéraire. Suppoſons encore que ces obſtacles ne s'oppoſaſſent pas à cette nouvelle méthode de ſemer la terre. Croyez-vous, Monſieur, qu'il y eût un grand avantage à l'adopter ? je vais vous en faire le compte.

Le corps général de la République des Laboureurs en France eſt composé d'un million ſept cents mille Laboureurs ou environ, qui ſement tous à peu-près dans le même temps, & qui par conséquent auroient besoin chacun d'une Charrue. Cette premiere dépense générale, y compris les fraix des transports, seroit d'environ deux cents millions. Il se trouveroit par là que l'Agriculture devroit tous les ans vingt millions * à l'instrument qui l'auroit faite valoir.

Sans doute, Monsieur, que cette Charrue n'auroit pas le don de changer le Phisique; car vous conviendrez bien que de quelque maniere qu'on semât la terre elle seroit exposée aux mêmes vicissitudes, & que les récoltes de temps à autres manqueroient comme elles manquent aujourd'hui, & alors il y auroit double perte pour les Colons.

D'un autre côté elle ne seroit pas éternelle, il faudroit la renouveller. Supposons que cela fut tous les quarante

* A raison de dix pour cent, attendu que ce seroit un fonds perdu.

ans il eſt clair qu'à la ſeconde génération de la machine, il en eut couté à l'Etat Economique une ſomme immenſe. On appelle cela en bon François faire de l'or avec de l'or.

J'admire, Monſieur, le génie économe de certains innovateurs qui voudroient mettre tout à profit. Il ne font pas attention qu'il y a des pertes néceſſaires dans l'Agriculture, que celles-ci forment l'ombre dans le tableau des productions, & font le clair obſcur de la nature.

On a ſuppoſé qu'avant cette Charrue il ſe perdoit les cinq ſixiemes de la ſemence. La principale raiſon qu'on en a donné c'eſt qu'une grande portion de grain devenoit la proie des oiſeaux parce qu'elle demeuroit à découvert.

Je voulus avoir la démonſtration de ce fait, & comme il m'étoit impoſſible de faire l'expérience en grand, je la fis en petit.

Je pris le coin d'un champ labouré où je fis ſemer une poignée de bled dont j'avois eu ſoin de compter les grains, & que je fis couvrir enſuite avec la méthode ordinaire.

Après ces deux manutentions j'employai un microſcope pour découvrir en me courbant la portion qui avoit demeuré à découvert.

Je m'apperçus que cette portion étoit d'un deuxieme ou environ de la ſemence.

Comme j'avois encore en terre les onze portions de la poignée de bled je m'attendois à une grande récolte mais je fus fort ſurpris lors de la moiſſon de ne trouver qu'une très-petite portion de la ſemence qui eut germé.

On peut hardiment conclure de-là qu'il y a une grande quantité de cauſes ſecondes dans la nature qui empêchent les productions, & que celles-ci ſont tout-à-fait indépendantes des outils ou machines qu'on peut employer pour ſemer.

Il eſt certain, Monſieur, que nos pratiques d'Agriculture doivent s'accommoder à ces viciſſitudes, & que ce que nous appellons défaut en elles eſt peut être préciſément le point de perfection.

Je ne doute pas que vous ne ſoyez ſurpris de l'axiome que je vais établir ici.

Je dis, Monſieur, qu'au lieu d'être avares ſur la ſemence, nous ne ſaurions au contraire être trop prodigues.

Puiſque tous les ſyſtêmes du monde ne ſauroient remédier au défaut de production qui ſe trouve dans les entrailles de la terre, il eſt non-ſeulement prudent mais même néceſſaire de s'y prêter.

On peut préſumer d'une part que ce

ſont des inſectes qui dévorent une grande portion du bled lorſqu'il eſt couvert, car la terre & l'air ſont remplis de petites créatures qui ont beſoin de ſe procurer des aliments.

Comme leur exiſtence eſt une ſuite de la création, le vuide qu'elles cauſent dans la ſubſiſtance des hommes eſt en quelque façon un mal néceſſaire ; & prétendre remédier à cet inconvenient, c'eſt vouloir reformer la nature.

D'un autre côté la terre comme corps Phyſique eſt ſujette elle-même, pour m'exprimer ainſi, à des révolutions de tempérament. Elle a ſes infirmités & ſes maladies. Les différentes révolutions de l'air influent ſur elle comme ſur tous les autres corps animés ; ſouvent elle eſt trop humide ou trop ſeche, & quelquefois trop graſſe ou trop maigre.

Il faut qu'une certaine ſurabondance

dans

dans la ſemence puiſſe faire face à toutes ces viciſſitudes.

Il convient à l'Agriculture de fournir à la terre pluſieurs non valeurs ſi elle veut procurer aux hommes une valeur.

Je dirois volontiers qu'il faut ſemer pour les inſectes, pour les vers, pour les oiſeaux, pour les différentes révolutions du climat, &c.

Permettez-moi cette expreſſion, il y a dans la nature des chancres à qui il faut donner à dévorer, ſans quoi ils dévoreroient notre propre ſubſiſtance.

Pour que notre portion nous parvienne, il faut qu'une prodigieuſe quantité de créatures n'en ait pas eu beſoin. C'eſt en quelque façon de leur ſuperflu que nous vivons; notre portion alimentaire a reſté long-temps en leur pouvoir avant que d'arriver juſques à nous.

Si nous ne jettons en terre qu'un ſixieme de la ſemence ordinaire il eſt à préſumer que dans pluſieurs cas nous n'aurons point du tout de récolte, parce que les cauſes d'anéantiſſement ſeront toujours les mêmes indépendamment de la moindre quantité de grain que nous employerons.

Pour mettre toute la ſemence à profit il faudroit pouvoir faire un pacte avec le Phyſique & les Inſectes.

Nous avons vu qu'il vient fort peu de ſemence en production, & qu'il s'en perd beaucoup par des cauſes que nous ne ſaurions prévoir & auxquelles il nous eſt impoſſible de remedier. Le compte eſt donc bien clair: moins nous ſemerons de bled & plus nos récoltes ſeront petites.

On ſuppoſe, Monſieur, que parce qu'on a imaginé une machine pour couvrir toute la ſemence les oiſeaux ſe laiſſeront mourir de faim. On ſe trompe.

Il en eſt des animeaux comme des hommes ; la néceſſité rend inventif & donne de la force.

Les oiſeaux ouvriroient la terre, & iroient chercher la ſemence a quelque dégré de profondeur que la machine puiſſe la placer, & de ce nouveau ſyſtême d'économie il s'en ſuivroit un plus grand déſordre pour l'Agriculture que celui auquel on prétendoit remédier ; car ces petits animaux en faiſant des efforts pour ſe procurer un aliment enfoui feroient beaucoup de dégat dans la récolte.

Il ne faut pas croire, Monſieur, qu'une ſubſiſtance établie depuis plus de ſix mille ans pour des créatures, qui, ſi elles ne font pas partie du monde moral entrent dans la compoſition du monde phyſique, puiſſe ſe détruire par une ſimple méchanique.

La providence qui n'a rien fait en vain

a établi que tous les êtres tireroient leur ſubſiſtance de la terre.

La plûpart des animaux volatils font une portion de la ſubſiſtance des hommes ; par un retour néceſſaire il convient que les hommes leur laiſſent les moyens de ſubſiſter. Leur éxiſtence eſt en quelque façon une portion de la nôtre ou du moins la ſource d'un de nos plaiſirs.

Permettez-moi, Monſieur, d'être le protecteur de tant d'eſpeces de petits oiſeaux qui volent dans les airs, & de défendre leur cauſe.

Ceci vous paroîtra une minutie indigne de l'attention d'un Auteur ; mais pour moi qui enviſage toujours la nature dans ſa plénitude, & qui ne trouve rien en elle que de grand, je ne penſe pas ainſi.

Si tant de volatils périſſoient faute d'aliments, je ne doute pas que cet anéantiſſement n'en cauſât un dans l'humanité.

Je vous avoue, Monſieur, que je ſai mauvais gré au premier Auteur de cette Charrue d'avoir voulu dégarnir nos Marchés de tant de pieces de gibier qui ſont le plus bel ornement de nos tables.

Ce qui en a le plus impoſé au ſujet de cette machine, ſont quelques expériences particulieres que différents curieux ont faites, & dont la réuſſite a été dûe en grande partie aux ſoins extraordinaires & à la grande préparation de la terre qui recevoit la ſemence.

Ce n'eſt point ſur de telles expériences qu'il faut établir des principes généraux.

Avant que de prononcer ſur ſon avantage il faloit en faire faire l'eſſai dans différentes Provinces & par pluſieurs Laboureurs, car ce ſont eux ſeulement qui ſont Juges compétants dans ces matieres.

J'ai toujours vu que ces belles pratiques d'Agriculture faites dans des Jardins, Parcs, & Enclos par des gens riches & curieux, étoient ordinairement démenties en rase campagne entre les mains des pauvres ménagers.

C'est pourtant de celles-ci que dépend la prospérité de l'état économique ; les autres sont des points imperceptibles qui se perdent dans l'immensité de nos besoins.

Vous savez, Monsieur, que j'ai fait une étude assez particuliere du Local de la France ; que je me suis sur-tout appliqué à connoître son physique, ou pour mieux dire ses différents physiques ; que j'ai une idée exacte de sa position, de son continent, de son terrain bon, mauvais, médiocre, sabloneux, pierreux, coupé d'arbres, en plaines ou en montagnes, &c.

Après avoir fait une répartition Géométrique de ſes différents cantons & les avoir combinés par leur poſition, j'ai trouvé que ſi la République générale des ménagers du Royaume ſemoit avec cette Charrue, la France priſe en général auroit tous les ans un tiers de moins de récolte qu'avec l'ancienne pratique.

Mais, dira-t-on, on peut ſe ſervir de cette Charrue dans les pays ou elle convient & laiſſer exiſter l'ancienne méthode dans les cantons ou cette nouvelle Charrue ne convient pas : par-là on préviendra toutes les conſéquences & on remédiera à l'inconvenient du vuide qui ſe trouve dans l'Agriculture.

Ce remede, Monſieur, ſeroit pire que le mal. Il vaut encore mieux que la France ait peu de bled que ſi elle en avoit beaucoup à ce prix-là.

Tout ſeroit encore perdu ſi huit ou

dix mille grands ménagers du Royaume avoient ſeuls le privilege excluſif d'épargner les cinq ſixiemes de la ſemence, & que par le moyen d'une telle Charrue & de la faculté de s'en ſervir, ils euſſent tant d'avantage ſur les autres cultivateurs de l'Etat.

Ils deviendroient par-là les maîtres de la ſubſiſtance générale de la nation : ils mettroient le prix qu'ils voudroient à cette denrée.

Ce nouveau corps de riches ménagers auroit dans ſes Greniers la meſure de l'aliment de la population ; ce qui pourroit être d'une conſéquence infinie pour le Gouvernement politique.

Tous les Reglements de Police ont eu pour but juſqu'ici d'éviter que les beſoins Phyſiques de tous ſe trouvaſſent au pouvoir de peu.

Tout l'Argent du Royaume iroit inſenſiblement

ſenſiblement s'écouler dans les coffres de ces riches Économes.

Il faut une proportion Géométrique dans l'abondance générale; ſans quoi la claſſe des cultivateurs opulents détruiroit celle des indigents.

Il en eſt de l'Agriculture comme du Commerce. Les Millionnaires l'appauvriſſent dans la proportion des richeſſes qu'ils en retirent & qu'ils s'approprient perſonnellement.

C'eſt toujours avec la balance à la main qu'il faut propoſer des établiſſements nouveaux.

Il n'y a point d'avantage, pour ſi bien combinés qu'ils puiſſent être, qui ne procurent des déſavantages. Le bon ſyſtême eſt celui, qui, après avoir peſé les inconvénients par les inconvénients, trouve le point fixe de l'utilité.

Pour rendre notre Agriculture floriſſante, il faut corriger dans chacune de ſes branches les vices qui s'y ſont introduits. Tant qu'on ne remontera point à la premiere ſource du déſordre toutes les machines deviendront inutiles.

Je vous demande, Monſieur, de quelle utilité pourra être cette Charrue à la France lorſque ſa population ſera toute d'une piece, & qu'il n'y aura point de direction dans l'économie de ſes habitans?

Que la répartition Géométrique du partage des terres ſera entierement rompue, & que des Particuliers poſſéderont à eux ſeuls des Provinces entieres, tandis que des Provinces entieres de particuliers n'auront point en proprieté un arpent de terre.

Que les Célibataires ſeront les plus grands poſſeſſeurs de biens fonds du Royaume.

Que les grands Fiefs par leur perpétuité dans les mêmes familles anéantiront le génie cultivateur.

Qu'il y aura une émulation générale entre tous les Citoyens pour métamorphoser les fonds en contracts ; & que la plûpart des Ménagers abandonneront la culture pour se faire Rentiers.

Quel profit pourrons-nous retirer de cette Charrue lorsque tout le numéraire de l'Etat sera dans les mains d'un petit nombre de particuliers ?

Que la plupart des Citoyens quitteront la culture pour prendre l'épée, & qu'il y aura plus de Gardes de Tabac que de Laboureurs ?

Qu'il n'y aura pas la même direction dans l'Agriculture que dans les Arts & que chaque Citoyen pourra faire valoir son bien à son gré sans s'embarrasser de la denrée du premier besoin.

Que certaines Provinces regorgeront de ſuperflu tandis que les autres n'auront pas même le néceſſaire.

A quoi nous ſervira cette machine lorſque nous n'imaginerons aucun moyen pour conſerver le grain lorſque nos récoltes ſeront abondantes?

Qu'il ne s'établira parmi nous aucun Commerce d'économie, & que les Gouvernements de l'Europe qui fourniſſent les beſoins Phyſiques aux Nations qui en ſont privées ſe maintiendront toujours dans le même droit.

Qu'on n'établira aucune récompenſe pour les Laboureurs qui ſe diſtingueront dans l'Art de cultiver la terre.

Qu'il n'y aura aucune Chambre d'Agriculture pour veiller directement aux productions de la terre.

Qu'on permettra que les Laboureurs abandonnent le travail de la campagne pour aller demander l'aumône dans les Villes.

Que le Royaume dans plusieurs endroits sera sans communication, & que faute de chemins praticables les denrées d'une Province ne pourront pas verser dans une autre Province.

Enfin, Monsieur, tous les instruments, outils, inventions, charrues, machines &c. ne procureront aucun avantage lorsque ceux qui sont chargés de veiller à l'agrandissement de l'Etat économique, n'auront point, ainsi que je l'ai déjà dit dans un de mes ouvrages, * un état détaillé.

De nos plus grandes plaines & montagnes, de la quantité de nos lacs, marais, marécages, fleuves, rivieres; leur largeur & longueur, les qualités générales de tous les fonds de terre de la Monarchie.

* Les intérêts de la France mal entendus.

Les productions particulieres de chaque Province, & la nature de leurs denrées.

La quantité d'arpents de terre appartenant à chaque Cité, Ville, Bourg, Village & Hameau.

Celles des bois, pays couverts, ou ceux qui sont dépouillés d'arbres.

L'étendue du sol qu'occupent les Capitales & autres Villes.

La portion du terrain que chaque Ville a en proprieté.

Le nombre des Fermes répandues dans les campagnes, ainsi que leurs distances.

Un dénombrement général des arpents de terre qui sont employés en vigne, & de ceux que la culture des grains emploie.

Un mesurage exact des tous les Jardins du Royaume, des enclos & parcs, qui ſont à pure perte pour l'Agriculture.

Un état de la production générale des grains des cinq dernieres années.

La répartition diſtribuée par Province de chaque année, & même par Villes, Villages & Hameaux.

Celle des fruits, vins, huilles & lins.

Un état exact & général des plantations d'arbres dans tout le Royaume.

Celui des ménagers à qui appartiennent en proprieté les terres qu'ils cultivent & un autre de ceux qui tiennent des biens fonds à ferme.

Une liſte des beſtiaux propres au travail de la terre, &c.

Voilà, Monſieur, des connoiſſances qui ſont plus néceſſaires pour perfectionner notre Agriculture que toutes les machines qu'on pourra jamais imaginer, parce qu'on peut par ces connoiſſances remédier au mal dans ſa ſource. J'ai indiqué dans ce même ouvrage déjà cité les moyens qu'il faudroit prendre pour corriger les abus qui tiennent en langueur cette premiere branche de notre adminiſtration.

Vous me direz peut-être, comme une infinité d'autres l'ont dit avant vous en liſant cet ouvrage, qu'il faudroit renverſer la Monarchie pour établir le ſyſtême économique que je propoſe.

Eh non, Monſieur, il ne faudroit rien renverſer. La bonté du principe répond d'avance des conſéquences.

Sans doute qu'un ſi grand changement cauſeroit une révolution, & qu'il y auroit quelques branches du pouvoir qui en ſouffriroient; mais tout bien calculé les inconvéniens ſeroient moindres que les avantages.

Pour moi je tremble pour le ſyſtême de l'Etat, toutes les fois qu'un politique après avoir lu un ouvrage de détail économique, dit gravement que le ſyſtême de l'Auteur eſt bon ; mais qu'il en réſulteroit des conſéquences dangereuſes ſi l'on ſe prêtoit à de pareilles réformes ; car c'eſt préciſément comme s'il diſoit qu'on eſt plus à temps à remédier aux abus qui ſe ſont gliſſés dans cette branche de l'adminiſtration.

Je ſai que des gens frappés de ces deux idées, l'une que l'intérêt perſonnel eſt un puiſſant aiguillon pour porter les Citoyens à améliorer les terres, & l'autre que le bien général n'eſt qu'une ſuite du bien particulier, croient que cette branche du pouvoir ſe ſuffit à elle-même & qu'il n'eſt pas beſoin d'y toucher.

On a établi pour tout ſyſtême d'Agriculture celui de la liberté. Sans doute elle eſt la ſource de l'abondance, mais le mal eſt qu'on la confond toujours avec un phantôme qu'on appelle de ce nom.

Il y a une diſtance infinie de l'ordre à la gêne. L'un répare tout & l'autre abyme tout. Le premier forme le génie Citoyen & la ſeconde le détruit.

Si l'intérêt perſonnel pouvoit produire les effets qu'on lui attribue, l'Agriculture en France ſeroit aujourd'hui à ſon dernier période de grandeur, car depuis la création du monde les hommes ont tout rapporté à eux-mêmes.

On cite éternellement lAngleterre & la Hollande qui vont par leur propre mouvement, mais on ne voit pas que ce ſont d'autres préjugés, d'autres maximes, & d'autres loix qui ont formé d'autres hommes. Il y a autant de diſtance du génie républicain à celui de ſujet qu'il y en a du ciel à la terre.

Je finis, car cette disgression me meneroit trop loin.

Il se trouveroit à la fin que j'aurois écrit un Ouvrage Économique au lieu d'une lettre sur une machine.

Je suis,

MONSIEUR,

Votre très-humble &
très-obéissant Serviteur.
LE CHEVALIER GOUDAR.

www.ingramcontent.com/pod-product-compliance
Ingram Content Group UK Ltd.
Pitfield, Milton Keynes, MK11 3LW, UK
UKHW021011180726
13838UKWH00004B/1517

9 782329 394077